科学家们有点儿忙

④谜一样的旋转

很忙工作室◎著　有福画童书◎绘

北京科学技术出版社
100层童书馆

艾萨克·牛顿先生是我们这个星球最伟大的科学家之一。
你好！
他提出了万有引力定律……
……和牛顿运动定律。

他发明了反射望远镜，提出了金本位制，还是微积分的创立者之一。
$\int_a^b f(x)dx=F(b)-F(a)$
GOLD

看我点石成金！
他还会一点儿炼金术……
哈哈哈！

你肯定想不到，牛顿还是一位……
……运动教练！
他并不擅长什么体育项目，却指导着所有参与体育运动的人，包括我和你。

现在，我们来欢迎牛顿教练吧！
在运动项目中，旋转无处不在。让我们在牛顿教练的指导下，一起转起来吧！

牛顿教练想去打网球吗？
谁？

我陪您打！哎哟！

抱歉！你是？
牛顿教练，我是速度！
Isaac Newton
阻力那家伙回去炫耀，说跟您学到了很多物理原理，所以我也来了。

有人来帮忙，我当然开心啦！
你知道我这次要研究什么吗？
等等！
刚才您一直在观察网球的转动。

聪明！就是旋转！
我们现在可以走了吗？

可以……
牛顿教练快看，一个上旋球！

网球运动员们都想打出上旋球。
上旋球就是会向上旋转的球。
上旋球的速度会减慢，导致它比不旋转的球更早地降落在对方的场地上。
球落地后会以对手意想不到的角度弹起。

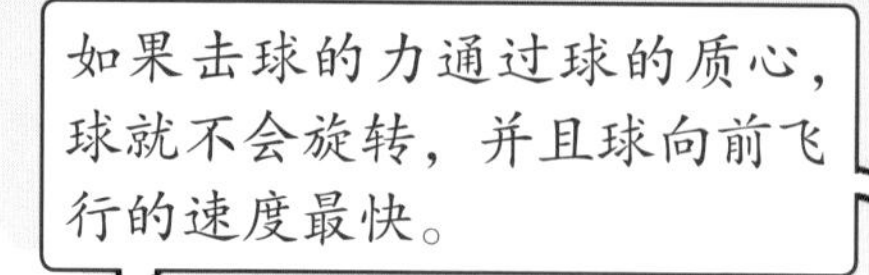

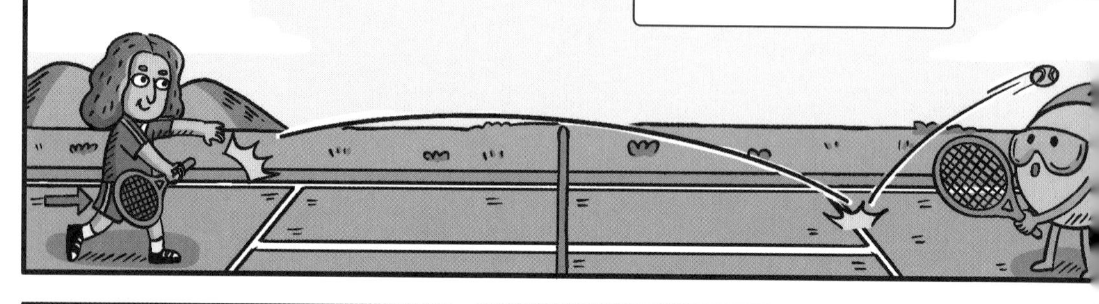

质心是质量中心的简称，指物质系统上被认为质量集中于此的一个假想点。

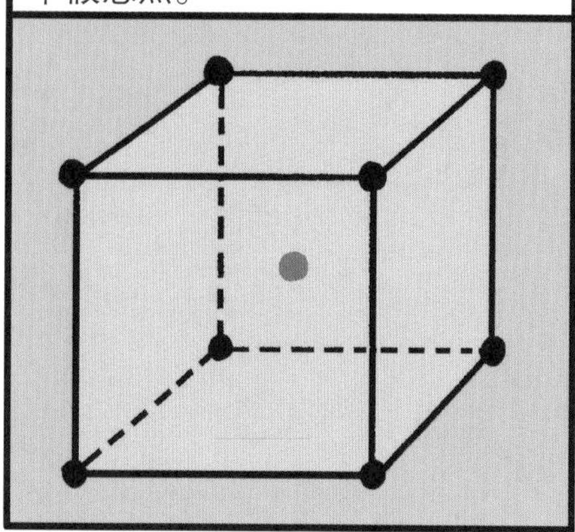

有时，质心不在物体的中心。例如，锤子的大部分质量都在一端，所以锤子的质心离较重的一端更近。

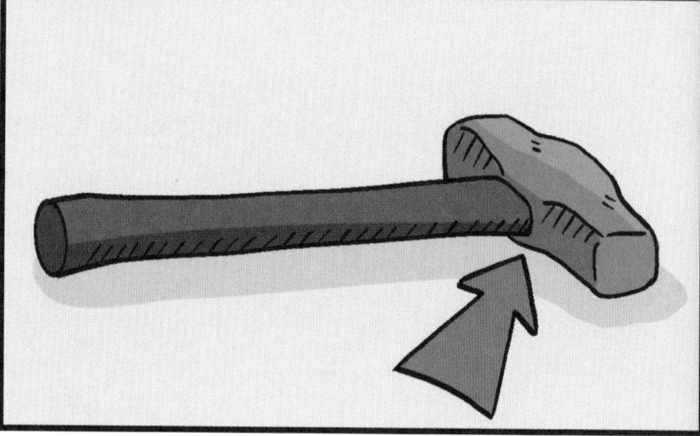

你说得对，上旋球具有优势的秘诀就在它的物理原理中。
竟然全被他说中了！

要想打出上旋球，要让拍面倾斜，用球拍自斜下方向斜上方摩擦网球。

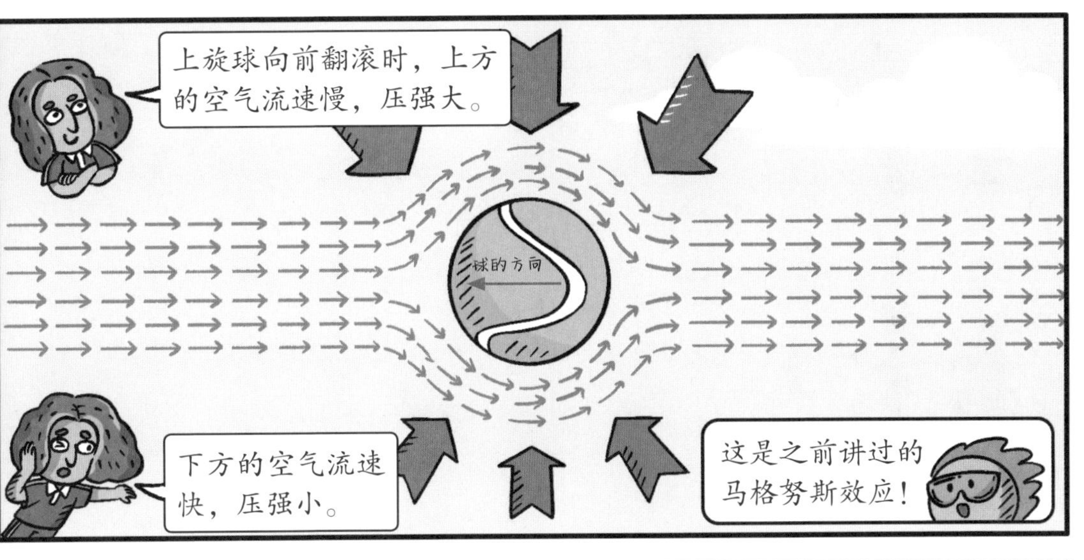
上旋球向前翻滚时，上方的空气流速慢，压强大。
球的方向
下方的空气流速快，压强小。
这是之前讲过的马格努斯效应！

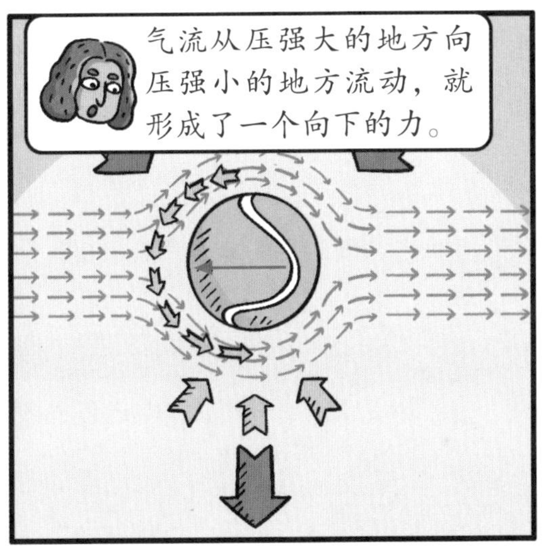
气流从压强大的地方向压强小的地方流动，就形成了一个向下的力。

这就是上旋球会比不旋转的球更早落地的原因。

上旋球落地的瞬间，由于球是向前转动的，会给地面一个向后的摩擦力。

地面会给球一个向前的反作用力。

牛顿第三定律：作用力与反作用力！

这样一来，上旋球落地后会加速向前冲。
不好接哟！

原来这就是上旋球在网球场上流行的原因啊！

牛顿教练，接球！
其实，还有一个原因也非常重要，上旋球是网球中最容易掌握的技术之一。
打上旋球太过瘾啦！
那你知道哪种球类运动的旋转最厉害吗？

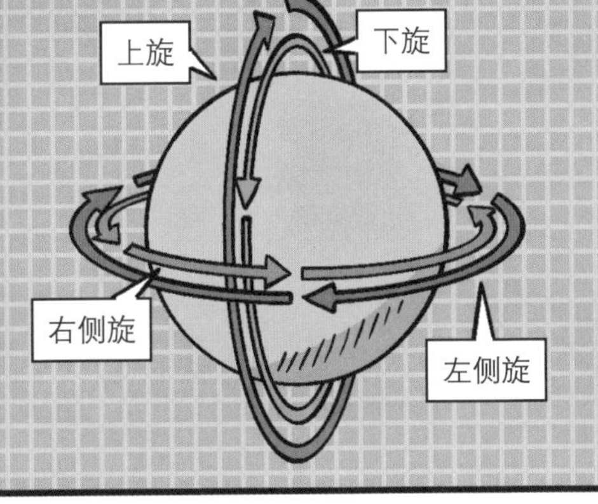
球体旋转的方式包括围绕自身横轴转动的上旋和下旋，以及围绕自身纵轴转动的侧旋。
上旋
下旋
右侧旋
左侧旋

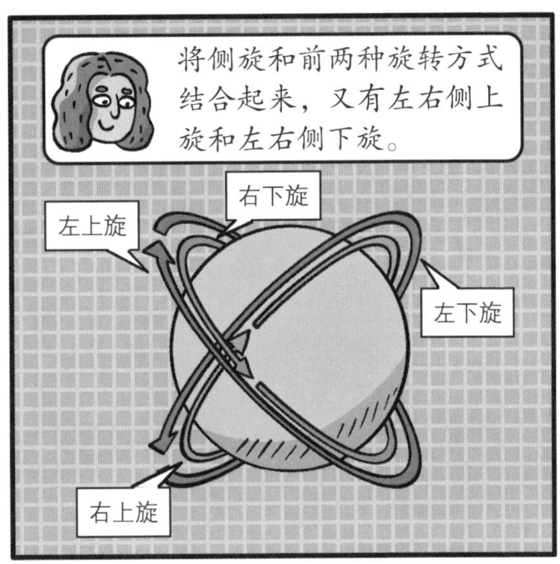
将侧旋和前两种旋转方式结合起来，又有左右侧上旋和左右侧下旋。
右下旋
左上旋
左下旋
右上旋

那乒乓球的上旋球和网球的上旋球一样吗？

原理一样，但是，你发现它们的区别了吗？
很明显，速度不同！

乒乓球的转速远高于网球的，所以乒乓球落下再弹出后，向前冲的势头更猛。
我接不住！

是的。接球的时候，上旋球会给拍面一个向下的摩擦力，同时拍面会给球一个向上的反作用力。
这也就是接上旋球时，球容易“直冲云霄”的原因。

而下旋球弹到球台上的时候会给球台一个向前的摩擦力，球台会给球一个向后的反作用力。
如果转速够快，球甚至会向球网方向倒退。

下旋球落到对方球拍上时，会给拍面一个向上的摩擦力，球拍会给球一个向下的反作用力。

所以接下旋球时，球容易直钻网底。

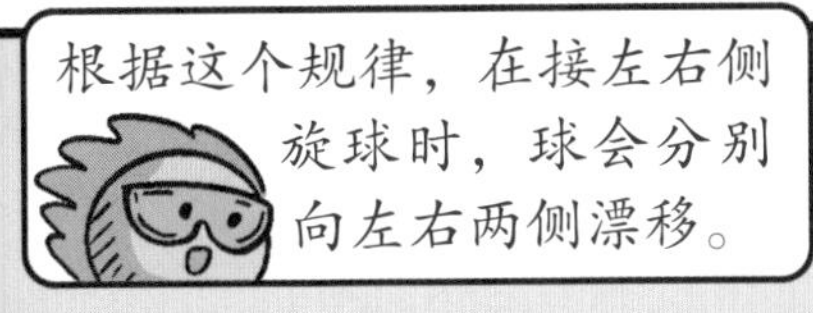
根据这个规律，在接左右侧旋球时，球会分别向左右两侧漂移。

是的！但实际情况是，人们很难打出标准的上旋、下旋或者侧旋球，往往都是左右上旋或左右下旋。

我们经常在比赛中看到对拉弧圈球场面，这种能划出惊人弧线的弧圈球就是侧上旋球。
好球！

乒乓球的旋转方式真是太复杂了！

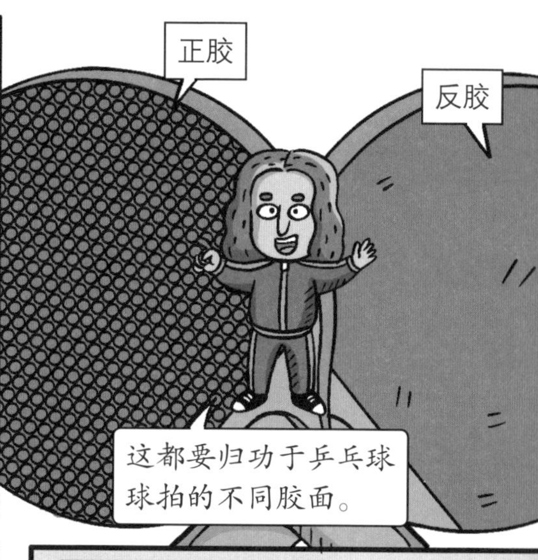
正胶
反胶
这都要归功于乒乓球球拍的不同胶面。

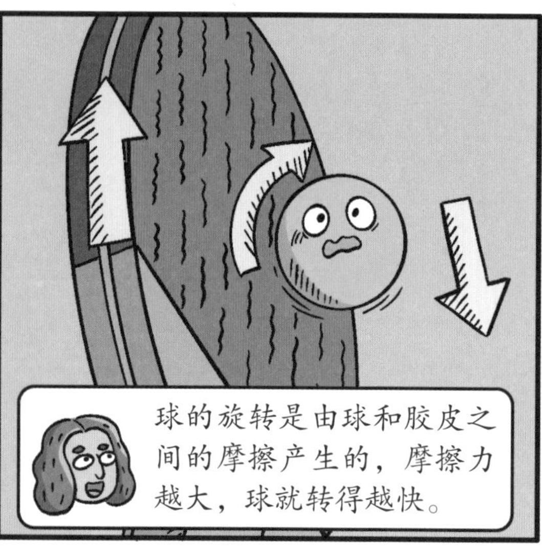
球的旋转是由球和胶皮之间的摩擦产生的，摩擦力越大，球就转得越快。

正胶颗粒向外，触球时与球的接触面积小，摩擦力小，所以球转得慢但球速快。

直拍正胶快攻打法是中国乒乓球队早期称霸世界的利器。
以快制胜！
但随着弧圈球的出现，正胶的速度优势逐渐被削弱。
为什么？

你看看球拍的另一面。
反胶面颗粒向内，球拍与球的接触面积大。
它可以给球更大的摩擦力，制造出转得快、球速也快的弧圈球。
弧圈球与快攻结合是现在乒乓球的主流技术特点。
原来是旋转与速度结合啊！
这样看来，我用两面都是反胶的球拍就可以了。

等等！
还有一种颗粒细长的长胶，它一直很受欢迎，因为它有一个最著名的特点——可以打出反旋转球。

反旋转？
与上旋球接触时，有细长颗粒的胶面会像扫帚一样轻轻拂过乒乓球……

再把球推出去……
但并不改变球的旋转方向。

既然没有改变方向，那么球返回发球方时不就成了下旋球？

没错，反之，下旋球被长胶面回击后就成了上旋球。
上下颠倒，发球方一定很头疼！

你这是要干什么？
把长胶磨短啊！
倒也不是没道理。
最牛的牛顿教练，我也想体验一下旋转的原理。

没问题！

试试这项旋转运动！
这是古希腊雕塑家米隆的作品《掷铁饼者》。

参加 1896 年第一届奥运会的美国运动员加勒特，曾经按照《掷铁饼者》的照片练习掷铁饼的动作，但却不得要领。

在看到希腊运动员的掷铁饼动作后，他茅塞顿开，临时决定参赛，并一举夺冠。第二天，他又获得了铅球比赛的金牌。

他从希腊运动员那里发现了什么秘诀？
旋转！旋转提高了铁饼的出手速度……

速度？我最感兴趣了！我们走！
去哪儿？
铁饼训练场！

当一个力作用在物体上，并使物体在力的方向上移动了一段距离，这个力就对物体做了功。

动能指物体因为运动而具有的能量。动能受质量和速度的影响。

我们说回铁饼。旋转是为了制造越来越快的线速度。

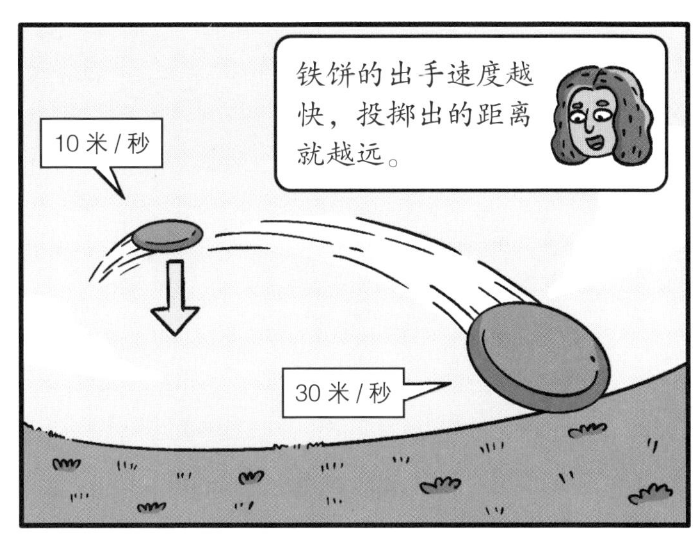

铁饼的出手速度越快，投掷出的距离就越远。
10 米 / 秒
30 米 / 秒

你听说过“物体皆有惯性”吗？
当然！
做圆周运动的铁饼由于惯性的存在，总是有沿着切线运动的趋势。
切线
经过圆的半径外端点，且垂直于这条半径的直线就是圆的切线。

转速越来越快，但铁饼无法飞出去，这是因为运动员把它抓在手里。

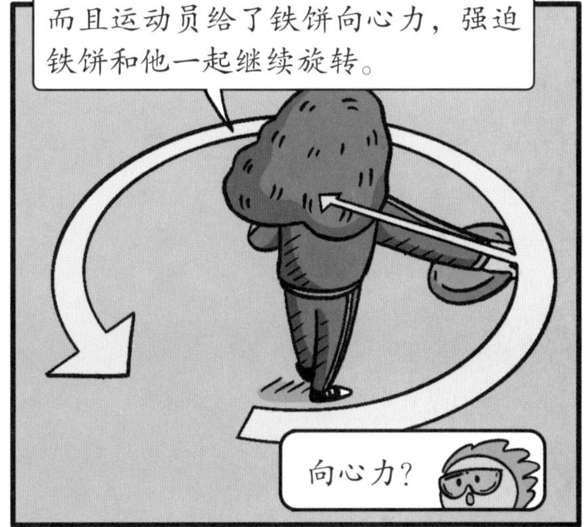

而且运动员给了铁饼向心力，强迫铁饼和他一起继续旋转。
向心力？

向心力是当物体做圆周运动时，指向圆心的作用力。

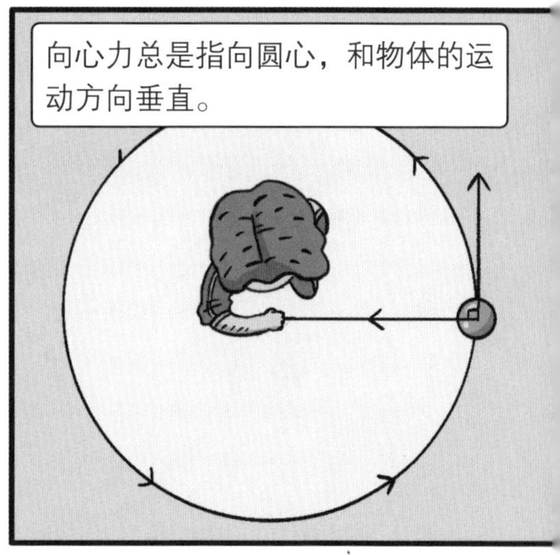
向心力总是指向圆心，和物体的运动方向垂直。

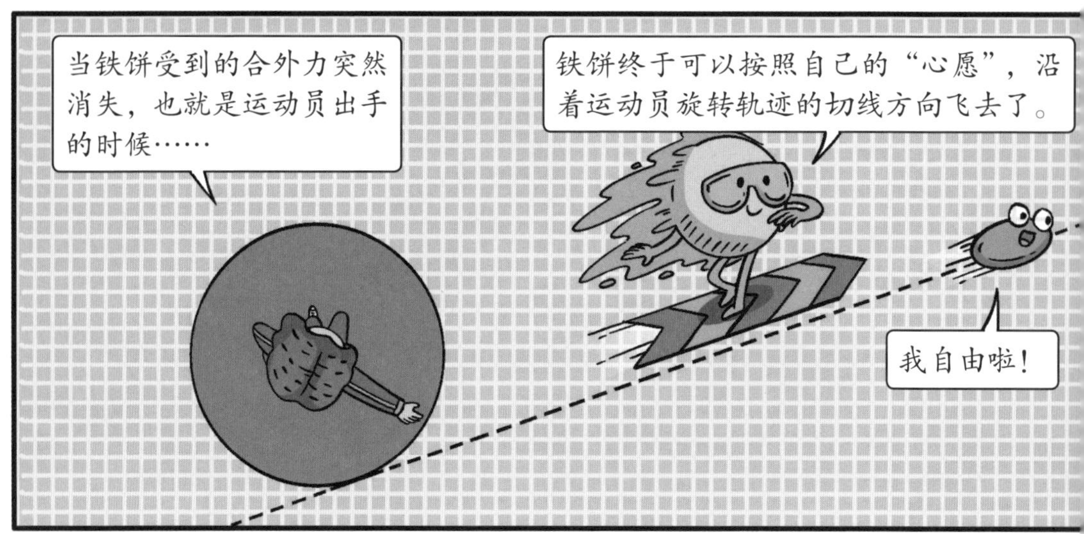
当铁饼受到的合外力突然消失，也就是运动员出手的时候……
铁饼终于可以按照自己的“心愿”，沿着运动员旋转轨迹的切线方向飞去了。
我自由啦！

这是？
掷链球的原理和掷铁饼的相同。

在 1972 年的慕尼黑奥运会上，苏联运动员巴雷什尼科夫成为第一个采用旋转式投掷铅球的运动员。

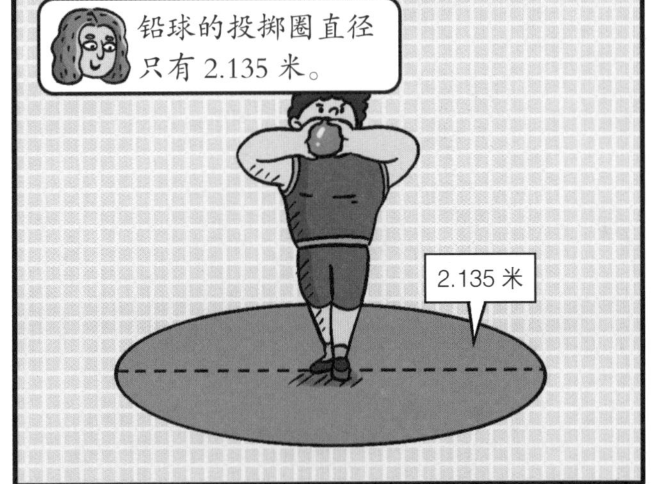

为了在小小的投掷圈内尽可能地增大铅球的出手速度，人们尝试了各种方法。
原地推法，即面向铅球出手方向直接投掷。

侧向推法，即身体左侧面向铅球出手方向。

背向滑步式推法，身体背对铅球出手方向。

就像扔铁饼时的旋转一样，身体扭转的程度大，可以使铅球有更长的加速距离。
背向滑步式推法
侧向推法
原地推法
旋转能增加运动距离，这样铅球的出手速度就会更快……

快停下！不是旋转圈数越多就越好，转多了会影响出手的力量。
7.26 千克

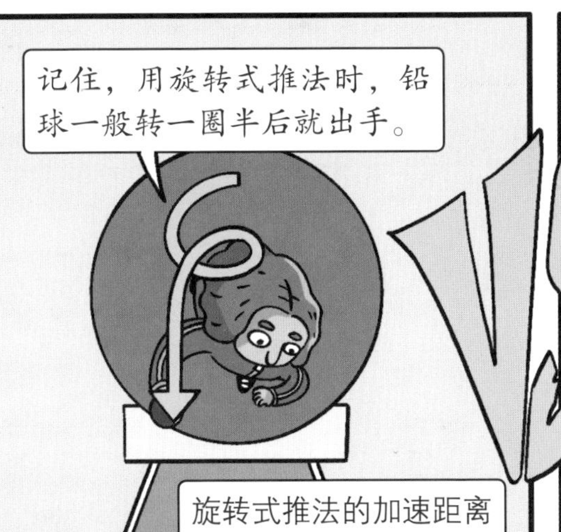
记住，用旋转式推法时，铅球一般转一圈半后就出手。
旋转式推法的加速距离

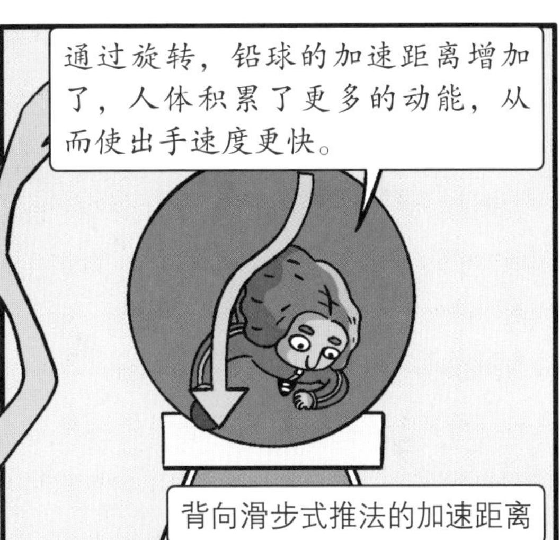
通过旋转，铅球的加速距离增加了，人体积累了更多的动能，从而使出手速度更快。
背向滑步式推法的加速距离

虽然巴雷什尼科夫是第一个使用旋转式推法的人，但他在那届奥运会上连及格赛都没通过。
真是难以置信。

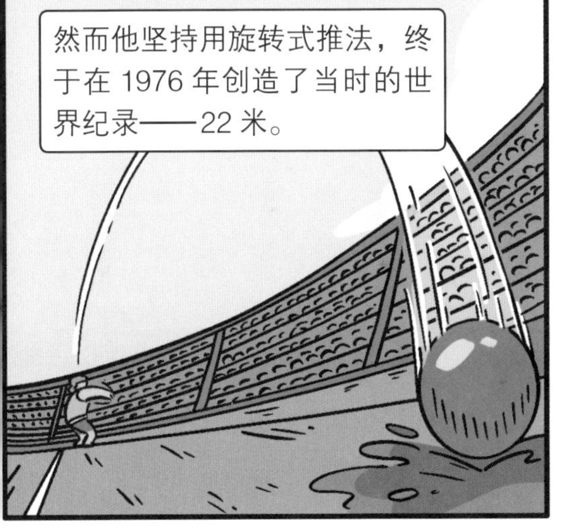
然而他坚持用旋转式推法，终于在 1976 年创造了当时的世界纪录——22 米。

2021 年，美国运动员巴恩斯投掷出了 23.37 米，打破了保持了 31 年的男子铅球世界纪录。

既然旋转能创造速度奇迹，我得好好练！

别急啊，关于旋转我还没讲完呢。
这也算是聪明好学吧。

我觉得这几个旋转项目只适合力量型运动员，和他们比起来我太弱了！

那我带你去看技巧类项目中的旋转吧。

花样滑冰！这也太美了！

转这么多圈，运动员好像没有花费很大力气。
为什么他可以越转越快，然后突然停下来呢？

你的这些问题或许能用角动量守恒定律来解释，跟我来！
太好了！我还想要运动员的签名！

现场看运动员的旋转更令人震撼。
你不要签名了？

嘿嘿嘿，第一时间就拿到了。
不愧是“速度”。

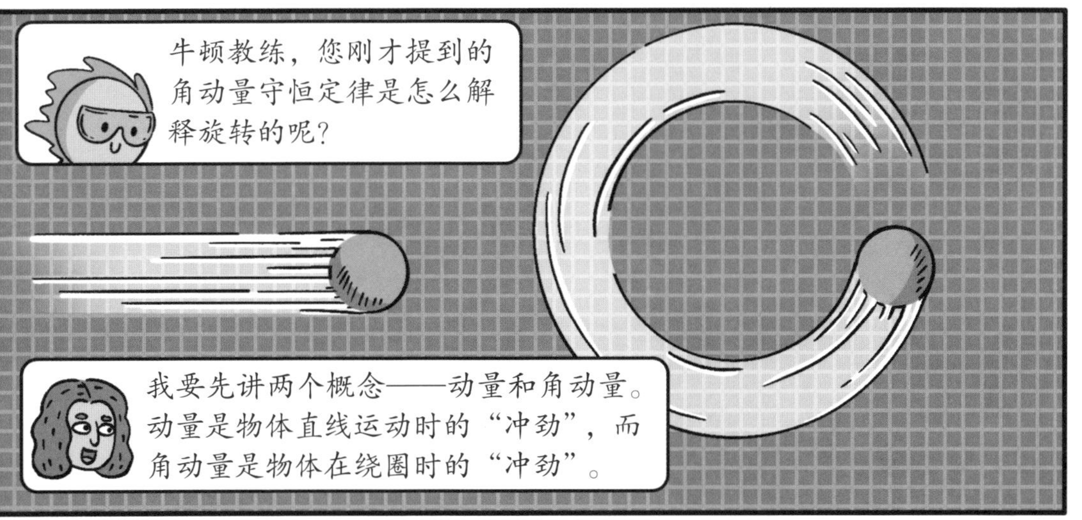
牛顿教练，您刚才提到的角动量守恒定律是怎么解释旋转的呢？
我要先讲两个概念——动量和角动量。动量是物体直线运动时的“冲劲”，而角动量是物体在绕圈时的“冲劲”。

然后，你要理解这个公式：角动量等于转动惯量与角速度的乘积。

角动量=转动惯量×角速度

L=I×w

虽然有一部分您已经讲过了，但这绝对是我遇到的最难的物理原理了！

角速度我记
指转动的过
中，手能够
制拍子转动
速度。转动
量是什么呢？

如果物体旋转起来，它的动量的大小就等于物体上各个点的质量乘以它到旋转轴距离的平方。这个量就是转动惯量。

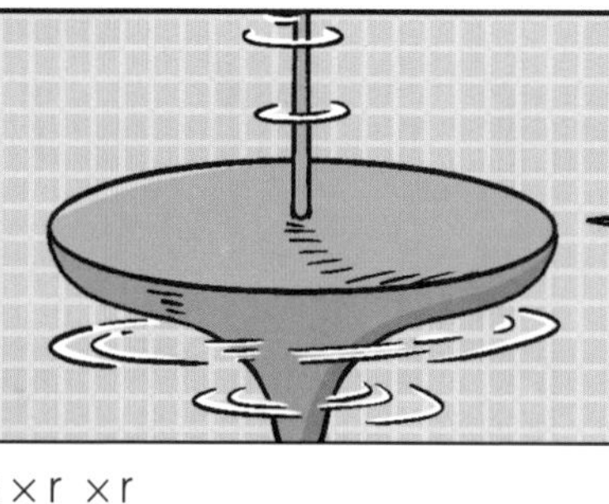

I=m×r×r

转动惯量 = 质量 × 距离 × 距离

因为乘积不变，所以如果转动惯量变小，角速度就会增大。你再对照公式看一下。
听明白了吗？
好像明白了，但好像又没明白。
我们先来看看运动员是如何转起来的吧。
原地旋转时，我要先用一侧的腿向后滑一条弧线，同时另一侧的手臂和腿展开进行摆动，为旋转制造动力。
然后我再顺势滑一条弧线，最后才开始旋转。

由于冰面与冰刀间的摩擦力很小，旋转之前滑弧线和手臂摆动给旋转提供了充分的动力，所以，旋转速度就快了。
同时，在旋转时，合外力接近零，角动量不变。

牛顿教练，您怎么把手和腿往身体方向收了？

提示你一下，你可以把我的身体看作转动轴。

双手抱胸，双腿尽量并拢，也就是尽可能地缩短身体各部位到旋转轴的距离。
没错！

身体各部位到转动轴的距离缩短了，人体质量不变，转动惯量就变小了！

由于角动量不变，角速度就会增加！

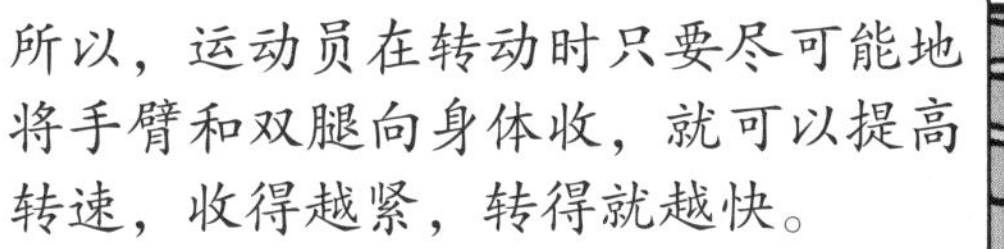
所以，运动员在转动时只要尽可能地将手臂和双腿向身体收，就可以提高转速，收得越紧，转得就越快。

我终于明白花滑运动员旋转的奥秘了。
那我来考考你。旋转结束时，运动员是如何让自己的转速慢下来的?

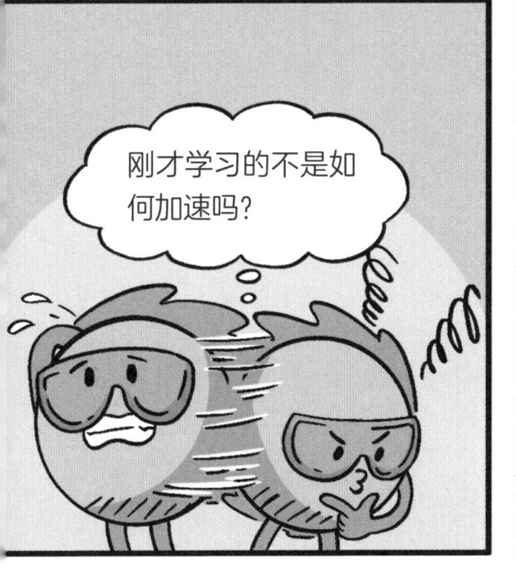
刚才学习的不是如何加速吗?

既然加速是收紧身体，那么想要减速……

是不是张开双臂，
伸开腿呢？

答对啦！
不过，我不太明白这
里面的原理。

运动员把双臂张开相当于使身体的一部分质量
分布得离他旋转的轴心远了，由于角动量守
恒，转速会越来越慢。
原来专业的解释
是这样的，我只
能算蒙对了。

运动员就这样在旋转中通
过收回和打开身体，自由
切换转速。

但是我不会滑冰，这次又很难体会到了。
我有办法！
实验物品
准备一个旋转良好又比较安全的转椅和两个哑铃。
你坐上去，转起来，试着反复伸臂、收臂。这样，你坐在椅子上就能改变转速。

这个实验由俄国力学家儒科夫斯基设计，被称为“儒科夫斯基转椅”。
谁找我？

谁啊？我正在指导运动员旋转，忙着呢。
这还用教？旋转还不容易！
哎呀……竟然转不动！
我们可是在太空中啊！

在地球上，我们受到地球引力的作用，人与地面间有摩擦力，我们靠摩擦力使自己转起来。

到了太空中，我们就失去了地面的摩擦力提供的动力。

我还发现了一个问题。
在太空中转动上半身时，下半身会自动往相反的方向转。

上半身转动会产生一个角动量，而下半身会自动产生一个方向相反的角动量，来抵消上半身转动产生的角动量。所以，在太空中人根本无法转动。
角动量守恒！
而且，因为受身体构造的限制，上半身不能继续向后了。

决方法就是——选择体上能进行自由全角转动的部位……
让它转起来，
身体会自动转向相反的方向。
学会啦！

说正事儿，打电话找我有什么事？
给你讲讲我的太空旅行呀。

原来是跟我炫耀……

直体动作由于运动员身体质量的分布离转动轴较远，转动惯量大，因此旋转速度低。在转相同圈数的情况下，直体旋转的难度要大于团身旋转的。

那是空翻兼转体吗？

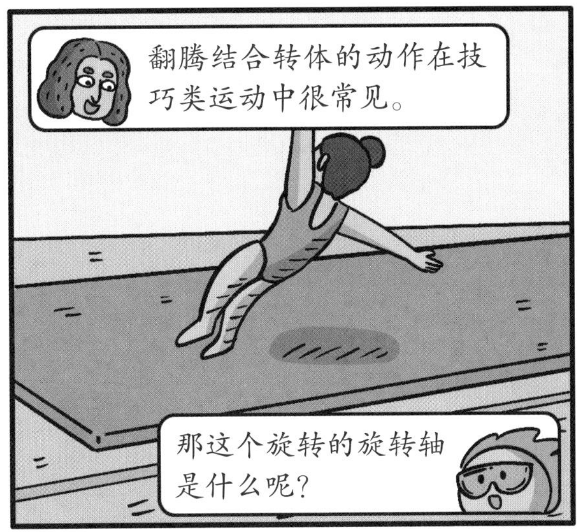
翻腾结合转体的动作在技巧类运动中很常见。
那这个旋转的旋转轴是什么呢？

我向斜上方旋转着飞起来了！

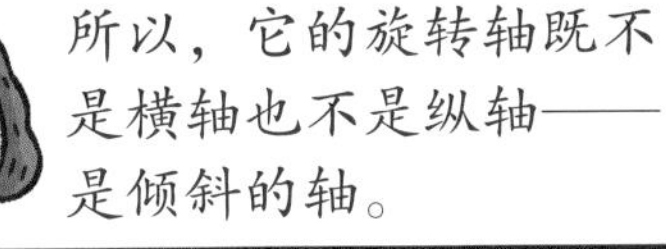
所以，它的旋转轴既不是横轴也不是纵轴——是倾斜的轴。

这种复杂的旋转也出现在跳水中。

你看这个先翻腾再转体的动作。运动员先沿横轴向前翻腾，然后绕纵轴转体，旋转轴由横变纵。

由横轴变为纵轴的角动量是从哪里来的呢？
我让运动员再跳一遍，你再仔细看看。
牛顿教练每次来都加量。

从翻腾到转体的瞬间，运动员一只手迅速上抛到头后，另一只手下放到髋部。
动作变化！

这个瞬时动作使运动员的身体质量分布产生了急剧的不对称变化，原本的横轴倾斜了过来。

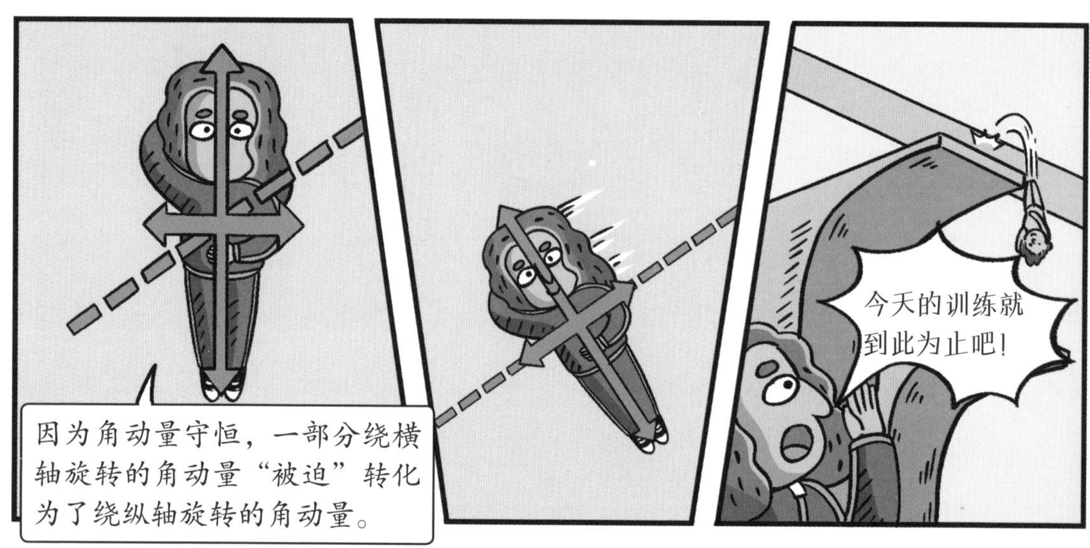
因为角动量守恒，一部分绕横轴旋转的角动量“被迫”转化为了绕纵轴旋转的角动量。
今天的训练就到此为止吧！

角动量守恒定律是现代物理学的基石之一。直升机、陀螺仪，甚至行星的运行规律都和这一定律紧密相关。

它不仅可以解释体育运动中的旋转，而且能让我们清晰地认识到怎样才能用科学的方法，开发人体自身的巨大潜能。

牛顿教练您这是……
准备研究下一个项目。
我猜到了，不过这个项目好像不适合我。

牛顿教练，再见！

合外力

合外力是物体受到的所有外力的总和。外力就是作用在物体上的来自外部的力，比如重力、摩擦力、阻力、弹力等。在同一直线上的力，如果方向相同就相加，如果方向相反就相减。

合外力对物体的运动状态有重要的影响。它的大小和方向决定了物体的运动状态。

如果合外力不为零，物体会加速或减速，或改变运动方向。

如果合外力为零，物体会保持静止或做匀速直线运动。

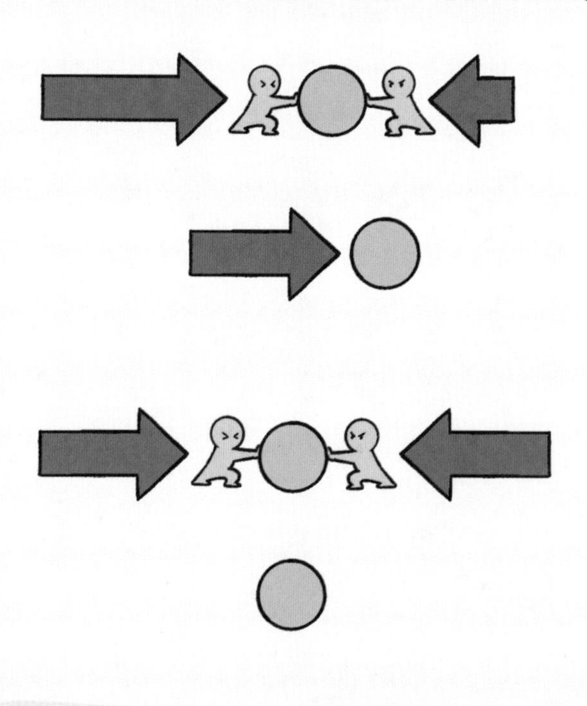

我有一个问题

牛顿摆的原理是什么？

中国科协
首席科学传播专家
郭亮

牛顿摆是一个经典的物理实验装置，常被用来研究物体的运动规律和力学原理。把牛顿摆最左侧的小球拉起来，然后放开，这个小球就会开始摆动，小球的能量会通过碰撞一直传递到最右侧的小球上。最右侧的小球无法把能量传递下去，它会被弹出。如果拉起最左侧的两个小球，那么右侧被弹出去的小球也是两个。

牛顿摆的运动是由重力和张力两个力相互作用引起的。当最左侧的小球被拉到一侧时，它受到重力和绳的张力的合力，开始加速下落。当它达到最低点时，速度最大，动能最高。最右侧小球被弹出后向右运动，但是由于绳的张力作用，小球向右运动的同时被绳拉起，所以会向着右侧的高处运动。在摆动的过程中，速度和动能不断变化，但总能量保持不变。

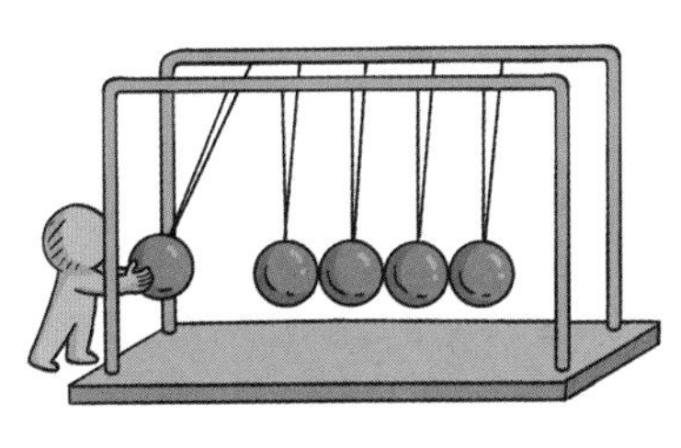

静止的物体有能量吗？

静止的物体具有能量，这种能量被称为势能。势能指物体由于位置、形状、电荷等因素而具有的能量，它与物体的相对位置有关。

例如，将一个书包放在桌子上，这个书包就具有了势能。势能可以转化为其他形式的能量，比如将书包推下去，它就会具有动能，这种动能是由重力势能转化的。而如果将书包放在太阳下，它就会吸收太阳的能量，产生热能。

势能在物理学中具有重要的意义，它可以用来描述物体在不同位置或状态下的能量差异。例如，当一个物体从高处掉落时，它会具有动能，而这个动能的大小取决于物体的高度差和重力加速度。同样地，当一个电荷在电场中移动时，它也会具有势能，这个势能的大小取决于电荷的位置和电场的强度。

所以，静止的物体也具有能量，了解清楚势能的概念和原理，可以帮助我们更好地理解物理学中的能量转化和守恒定律。

狗洗完澡甩干身体的原理是什么？

狗洗澡后会甩干身体，这种行为是基于离心力和表面张力的作用。

离心力是惯性的体现，是与向心力大小相同、方向相反的力，它能使旋转的物体远离旋转中心。当狗甩身体时，它的身体会做旋转运动，这种旋转运动就会产生离心力，类似于洗衣机筒在甩干湿衣服时的高速旋转，可以有效地将水甩掉。而且，狗身体表面的水分还会受到表面张力的作用。表面张力指的是液体表面分子之间的相互作用力。当狗甩身体时，表面张力会使得水分子聚集在一起，形成水滴，从而更容易被甩掉。

此外，狗身上的毛发有很多微小的凸起和凹槽，这些凸起和凹槽可以形成毛细管，使得水分子被吸附在毛发表面。当狗甩身体时，毛发的运动也会产生离心力，从而将水甩掉。

图书在版编目（CIP）数据

我的牛顿教练. 4, 谜一样的旋转 / 很忙工作室著 ; 有福画童书绘. — 北京 : 北京科学技术出版社, 2023.12（2024.2重印）
（科学家们有点儿忙）
ISBN 978-7-5714-3236-2

Ⅰ. ①我…　Ⅱ. ①很… ②有…　Ⅲ. ①物理学—儿童读物　Ⅳ. ①O4-49

中国国家版本馆CIP数据核字(2023)第180517号

策划编辑： 樊文静
责任编辑： 樊文静
封面设计： 沈学成
图文制作： 旅教文化
营销编辑： 赵倩倩　郭靖桓
责任印制： 吕　越
出 版 人： 曾庆宇
出版发行： 北京科学技术出版社
社　　址： 北京西直门南大街 16 号
邮政编码： 100035
电　　话： 0086-10-66135495（总编室）
0086-10-66113227（发行部）
网　　址： www.bkydw.cn
印　　刷： 北京宝隆世纪印刷有限公司
开　　本： 710 mm × 1000 mm　1/16
字　　数： 50 千字
印　　张： 2.5
版　　次： 2023 年 12 月第 1 版
印　　次： 2024 年 2 月第 3 次印刷
ISBN 978-7-5714-3236-2

定　　价：159.00 元（全 6 册）

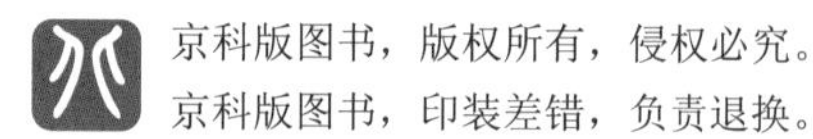